Die graue Eminenz

Fuer meinen Ehemann

Autorin / Cover / Bilder

Tanja Feiler

Besuch ist da

Maehis Cousin ist zu Besuch. Maehi hat nie ueber ihn gesprochen, deshalb sind die Cute Pets einigermaßen ueberrascht, als es ploetzlich an der Tuer klingelt und Seth vor der Tuer steht. Er ist ein Cousin ueber viele Ecken, wie Maehi sagt. Er hat in den Medien vom Erfolg der Cute Pets gehoert und den Namen seines Cousins Maehi gelesen. Also ist er zu Besuch nach Petcity gereist.

Aliens Arbeitszimmer wird zum Gaestezimmer fuer Maehis Cousin. Alien ist zwar nicht sehr begeistert, doch Maehi freut sich ueber den ueberraschenden Besuch, also bringt er sein technisches Equipment im gemeinsamen Zimmer mit Angela unter. So hat Seth den Raum ganz fuer sich allein.

X und Michelle zeigen Seth die Spezialbuehne. Sie ist dank Aliens Beziehungen eine Spezialanfertigung, die im Zimmer aufgebaut werden kann.

Seth bleibt ueber das Wochenende und reist dann in seine Heimat zurueck. Die Cute Pets widmen sich jetzt ihrer eigentlichen Arbeit, den digitalen Medien. Da sie im Hintergrund agieren, doch inzwischen einflussreich sind, meint Haeschen, jetzt gehoeren auch die Cute Pets zur Grauen Eminenz. Was ist das?

Als graue Eminenz wird eine

einflussreiche Person verstanden,

kaum bekannt und selten in Erscheinung tritt. Meist agieren

diese   Menschen   im
Hintergrund,

geben   Ratschlaege   =   die
Quelle.

Geheimnisvoll klingt dieser Titel. Wie Teil eines Ordens wie den Tempelrittern. Ueber die haben die Cute Pets vor kurzem einen Film gesehen.

Alien und die Mondlandung

Die Cute Pets mischen dank Alien auch kraeftig im naturwissenschaftlichen Bereich mit. Schliesslich testen sie die Prototypen, die Alien sich ausleihen darf. Dadurch spart die Entwicklung Zeit, die Prototypen kommen frueher auf den Markt. Alien schaut sich ein Bild des ersten Menschen auf dem Mond an, der 1969 dort gelandet ist. Es gibt heute noch Menschen, die felsenfest davon ueberzeugt sind, dass es sich bei der Mondlandung um eine Aufnahme in den

Studios von Hollywood handelt. Die Mondlandung sei nie passiert. Sie fuehren jede Menge Beweise fuer ihre Theorie an, die bereits in zahlreichen wissenschaftlichen Berichten entkraeftet wurden. Doch die Verschwoerungstheorie haelt sich tapfer.

Digitale Medien

Wie bereits besprochen widmen sich die Cute Pets die naechsten Tage verstaerkt der Arbeit mit den digitalen Medien. Da ist Arbeitsteilung gefragt. Die Girls haben sich dazu entschlossen, natuerlich ist da Kitty mal wieder fuehrend, Photos zu posten, um so Werbung zu machen. Dann muss weiter an den Texten zum vierten Album gearbeitet werden. Terminplanung fuer Konzerte und Veranstaltungen, das bedeutet jede Menge E -

Mails bearbeiten. Das erledigt Good Pet zusammen mit X. Alien und Maehi benutzen die neue Soundmaschine, um Melodien zu finden fuer die neuen Stuecke.

...to be continued

Besonders Danke ich meinem
Ehemann

www.ingramcontent.com/pod-product-compliance
Lightning Source LLC
Chambersburg PA
CBHW041121180526
45172CB00001B/365